生态环境部宣传教育司　编

美丽中国，我是行动者

——2018 年六五环境日全记录

中国环境出版集团·北京

图书在版编目（CIP）数据

美丽中国，我是行动者 ： 2018 年六五环境日全记录 / 生态环境部宣传教育司编 .
-- 北京 ： 中国环境出版集团，2018.12
　ISBN 978-7-5111-3857-6

　Ⅰ . ①美… Ⅱ . ①生… Ⅲ . ①环境保护－文集 Ⅳ .
① X-53

　中国版本图书馆 CIP 数据核字（2018）第 274648 号

出 版 人　武德凯
责任编辑　丁莞歆
责任校对　任　丽
装帧设计　金　山

出版发行　**中国环境出版集团**
　　　　　（100062　北京市东城区广渠门内大街 16 号）
　　　　　网　　址：http://www.cesp.com.cn
　　　　　电子邮箱：bjgl@cesp.com.cn
　　　　　联系电话：010-67112765（编辑管理部）
　　　　　　　　　　010-67175507（环境科学分社）
　　　　　发行热线：010-67125803，010-67113405（传真）
　　　　　印装质量热线：010-67113404
印　　刷　北京中科印刷有限公司
经　　销　各地新华书店
版　　次　2018 年 12 月第 1 版
印　　次　2018 年 12 月第 1 次印刷
开　　本　787×1092　1/16
印　　张　8
字　　数　100 千字
定　　价　35.00 元

前 言
PREFACE

    2014年修订的《中华人民共和国环境保护法》规定"每年6月5日为环境日"。环境日期间，全国各地都会组织开展形式多样的宣传纪念活动，宣传生态环境保护理念、普及环保法规和科学知识等。

    1972年6月5日，联合国在瑞典首都斯德哥尔摩举行了第一次人类环境会议。同年，第27届联合国大会确定每年的6月5日为世界环境日。每年年初，联合国环境规划署都会公布当年的环境日主题。1985年，我国第一次在全国范围内开展六五环境日纪念活动。2004年，结合我国生态环境保护实际，首次推出了环境日中国主题。随着近年来全社会生态环境保护意识的不断提高，2018年我国六五环境日的主题确定为"美丽中国，我是行动者"，旨在推动人们知行合一，积极参与生态文明建设。

    2018年6月5日，生态环境部、中央文明办、湖南省人民政府在湖南长沙共同举办六五环境日国家主场活动，现场发布了《公民生态环境行为规范（试行）》，揭晓了"2016—2017绿色中国年度人物"，启动了"美丽中国，我是行动者"主题实践活动，来自政府、企业、社会组织、学校和媒体等各界代表共1200多人参加。这也是继2017年在江苏南京之后的第二届六五环境日国家主场活动。

除了主场活动之外，生态环境部还组织开展了多个线上线下宣传活动，拓宽社会公众参与生态环境保护的渠道。环境日主题歌试唱、"步步为林"运动挑战等得到了社会各界的广泛参与。仅在新浪微博上，@生态环境部主持的"六五环境日"话题，就有近1亿人次的阅读量，14万人次参与讨论；"美丽中国，我是行动者"话题，阅读量超过3.8亿人次，参与讨论人次超过270万。

本书收录了生态环境部围绕2018年六五环境日所开展的主要工作内容，供读者阅览。由于编者水平有限，不妥之处，敬请批评指正。

编者

2018年11月

目　录
CONTENTS

筹备部署篇

主场活动篇

公众参与篇

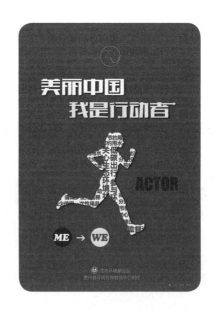

附　录

CHAPTER 1

筹备部署篇

PREPARATION AND ARRANGEMENT

发布 2018 年环境日主题：
美丽中国，我是行动者

生态环境部 2018 年 3 月 23 日发布 2018 年六五环境日主题："美丽中国，我是行动者。"生态环境部有关负责人表示，确立该主题旨在推动社会各界和公众积极参与生态文明建设，携手行动，共建天蓝、地绿、水清的美丽中国。

党的十九大报告明确提出，加快生态文明体制改革，建设美丽中国，把我国建设成为富强民主文明和谐美丽的社会主义现代化强国。"美丽"二字首次被写入全面建设社会主义现代化强国的奋斗目标。2018 年的政府工作报告提出，"我们要携手行动，建设天蓝、地绿、水清的美丽中国。"

美丽中国，你我共享。美丽中国，同样需要你我共建。生态环境部有关负责人表示，确定"美丽中国，我是行动者"为 2018 年环境日主题，就是希望全社会积极参与生态环境事务，尊重自然，顺应自然，保护自然，像爱护眼睛一样爱护生态环境，像对待生命一样对待生态环境，加快形成绿色生产方式和生活方式，使我们国家天更蓝、山更绿、水更清、环境更优美，让绿水青山就是金山银山的理念在祖国大地上更加充分地展示出来。

　　环境日期间，生态环境部将围绕环境日主题举办主场活动，各地也将围绕环境日主题开展"美丽中国，我是行动者"主题实践活动，广泛凝聚社会共识，营造全社会共同参与美丽中国建设的良好氛围。

启动第九届
"绿色中国年度人物"评选活动

　　由全国人大环境与资源保护委员会、全国政协人口资源环境委员会、生态环境部、国家广播电视总局、共青团中央、中央军委后勤保障部军事设施建设局联合主办，联合国环境规划署特别支持的"2016—2017绿色中国年度人物"评选活动日前正式启动。

　　党的十八大以来，我国的生态文明建设和生态环境保护工作决心之大、力度之大、成效之大前所未有，取得了历史性成就，发生了历史性变革。但当前面临的生态环境形势依然十分严峻，污染防治任重道远。党的十九大报告提出，从现在到2020年，是全面建成小康社会决胜期，要坚决打好防范化解重大风险、精准脱贫、污染防治的攻坚战。近日，中共中央总书记、国家主席习近平主持召开的中央财经委员会第一次会议指出，要打好污染防治攻坚战，确保三年时间明显见效。

　　打好污染防治攻坚战，离不开社会各界的广泛参与，需要构建政府为主导、企业为主体、社会组织和公众共同参与的环境治理体系。第九届评选活动以"全民共治　环保攻坚"为主题，寻找那些为污染防治攻坚战做出杰出贡献的社会人士或优秀集体，鼓励包括学术界、文艺界、传媒界、企业界、民间组织在

内的一切力量积极参与生态环境保护事业，携手共建美丽中国。

"2016—2017 绿色中国年度人物"评选活动继续秉承"公益""行动""影响"三大评选标准：其目标符合社会主义核心价值观，具有鲜明的环境公共利益指向；其行动对环境保护事业产生了积极影响，有利于改善环境质量，提升公众环境意识，促进经济社会绿色化发展；其事迹具有先进性和典型性，对社会公众具有显著的带动、导向和示范作用。

第九届评选活动在推荐提名人方式上进行了调整，即提名人原则上须经政府部门以及其他合法组织机构推荐；同时，鼓励地方省市率先试点开展"绿色中国（地区）年度人物"评选活动，其获奖人可由省级环保厅推荐入围"绿色中国年度人物"终评名单。

"2016—2017 绿色中国年度人物"评选将在生态环境部官网及"两微"（微信、微博）平台、"绿色中国年度人物""两微"平台等渠道同时发布信息；颁授活动将于 2018 年六五环境日期间举办。

部署全国
2018 年六五环境日宣传工作

生态环境部 2018 年 4 月 20 日下发《关于做好 2018 年六五环境日宣传活动的通知》（环办宣教函〔2018〕160 号）（以下简称《通知》），部署全国 2018 年六五环境日宣传工作，要求充分认识做好六五环境日宣传的重要意义，广泛动员社会各界积极参与，不断把"美丽中国，我是行动者"主题实践活动引向深入。

《通知》指出，美丽中国，人人共享，更要全社会共建。2018 年六五环境日全国统一使用"美丽中国，我是行动者"作为宣传主题，并将沿用至 2020 年。确定这个主题，旨在进行广泛社会动员，推动人们知行合一，积极参与生态环境事务，在全社会形成人人、事事、时时崇尚生态文明的社会氛围，让美丽中国建设更加深入人心，让绿水青山就是金山银山的理念结出丰硕成果。

《通知》还指出，各级生态环境部门要提前做好六五环境日主题的宣传阐释，设计多种形式的主题宣传产品，为六五环境日宣传活动做好预热宣传。6 月 5 日上午，全国生态环境系统统一启动"美丽中国，我是行动者"主题实践活动，并结合各地实际，体现地方特色，面向企业、学校、社区、农村等

美丽中国·我是行动者

确定宣传重点，突出公众参与，形成全国联动、步调一致又丰富多彩的宣传声势。

《通知》要求，各地要充分认识做好六五环境日宣传对打好污染防治攻坚战的重要意义，转变宣传方式，线上线下结合，增强互动性、参与性和有效性，积极借用新媒体平台和新技术手段增强传播效果。宣传活动要践行简约适度、绿色低碳、讲求实效，始终贯穿生态文明理念。

6月5日上午，生态环境部将联合中央文明办、湖南省人民政府共同举办2018年六五环境日主场活动。活动期间将发布《公民生态环境行为规范（试行）》，启动"美丽中国，我是行动者"主题实践活动，揭晓"2016—2017绿色中国年度人物"等。

美丽中国·我是行动者

发布 2018 年
六五环境日主题系列宣传品

　　生态环境部 2018 年 5 月 26 日发布 2018
年六五环境日系列主题宣传品，包括主题标识、
主题海报、主题歌曲和主题微视频，供社会免
费下载使用。这也是首次在环境日发布主题歌
曲和微视频，实现了从听觉到视觉的打通，带
来了全方位的感官体验。

◈ 主题标识

　　美丽中国，人人共享，更要全社会共建。主题标识紧扣 2018 年六五环境日"美丽中国，我是行动者"主题，以"二人成行，环保先行"为设计理念，汉字的变形象征着倡导与行动，展现出人与自然和谐共生的蓬勃生命力，具象表达"以行动点亮美丽中国，积极践行绿色生活"的理念。此外，此标识也将作为"美丽中国，我是行动者"主题实践活动的标识，沿用至 2020 年。

◈ 主题海报

　　四张主题海报分别以"绿水青山就是金山银山""像保护眼睛一样保护生态环境，像对待生命一样对待生态环境""尊重自然、顺应自然、保护自然""保护生态环境就是保护生产力，改善生态环境就是发展生产力"为宣传语，凸显了人文与自然的融合共生，体现了中华文化传承五千多年积淀的丰富的生态智慧，彰显了我国全面推动绿色发展、加快构建生态文明体系的决心和信心。

让中国更美丽

车 行 词
咏 梅 曲

1=D 2/8

‖:(1 3·4│5 0 1│1 3·4│5·│1 3│4 5 6│5·│5·│1 3·4│5 0 1│1 3·4│

5·│4 3│2 5 2│1·│1·)│1 1│1 6 5│5 1│3·│5 5│5 4 1 2│3·│
冬 有 冬 的 雪 花, 春 有 春 的 草 绿,
鸟 有 鸟 的 林 海, 花 有 花 的 园 地,

3·│2 2│2 1 6│6 1│2·│5 5│5 4 1 2│2·│3 5 5│5·│
天 有 蓝 色 的 湖 水, 白 云 爱 沐 浴, 篱 笆 外 的
山 有 叮 咚 的 泉 水, 林 蛙 爱 游 戏, 村 口 的 凤

6 5│3·│2 1│2 3 1│6·│2 2 1│2 3│5 3│2·│3 2 3│5 6│
油 菜 花, 吻 着 黑 蝴 蝶, 馋 嘴 的 阿 哥 钓 着 河 里 的 大
凤 尾 竹, 系 着 黄 手 绢, 爱 美 的 阿 妹 穿 着 孔 雀 的 花

1·│1 0 0│‖:1 3·4│5 0 1│1 3·4│5·│1 3│4 5│6·│6·│
鱼。 山 更 青 啊 水 更 绿, 让 中 国 更 美 丽,
衣。

4 4 3│2 2 4│6 6·│5 5 4│3 1 2│2·│1 3·4│5 0 1│
美 丽 的 大 自 然 是 你 我, 共 同 的 家 园, 从 你 做 起

1 3·4│5 1 6│7 1 6│6·│6·│4 4·3│2 2 4│6 6·│5 5 4│
从 我 做 起 从 现 在 做 起, 让 爱 通 过 心 灵 在 大 地 上

3 5 2│1·│1·:‖4 4 3│2 2 4│6 6·│5 5 4│3 5 2│1·│
传 递。 D.S.让 爱 通 过 心 灵 在 大 地 上 传

5 6│7·│7·│7·│0 0 5│1·│1·│1·│1·│1 0 0‖
传 递。

◆ 主题歌曲

　　主题歌曲《让中国更美丽》由著名音乐家车行、咏梅创作词、曲，描绘了"冬有雪花、春有草绿、鸟有林海、山有泉水"的诗意景色，呼吁大家从自身做起，从身边小事做起，通过自己的奋斗留住鸟语花香、田园风光的美丽中国。

　　生态环境部将面向社会征集主题歌曲的优秀演唱作品，并择优在生态环境部微信、微博平台上进行展播。

◈ 主题微视频

主题微视频讲述了生动感人的环保故事。其中，既有公众人物，也有平凡大众，他们或热心环保事业，或选择低碳出行，用自己的一言一行积极参与生态环境事务，深刻阐述了"只要行动起来，人人都是建设美丽中国的贡献者"的主题。

CHAPTER 2

主场活动篇
MAIN SESSION EVENTS

美丽中国·我是行动者

主场讲话 ZHUCHANG JIANGHUA

大力宣传习近平生态文明思想
推动全民共同参与建设美丽中国

各位来宾，女士们、先生们、朋友们：

大家上午好！

今天，生态环境部、中央文明办、湖南省人民政府联合在长沙市隆重举办 2018 年六五环境日主场活动。在此，我谨代表生态环境部，向中央文明办、湖南省委省政府、长沙市委市政府对举办本次活动的大力支持和积极参与表示衷心感谢！向与会嘉宾朋友表示诚挚欢迎！向长期以来关心、支持生态环境保护事业的社会各界人士和中外朋友们表示崇高敬意！

在我们许多人儿时的记忆里，故乡的天是蓝的，空中白云悠悠，夜晚繁星闪烁；故乡的水是清的，河里鱼虾成群，孩童嬉闹游乐；故乡的山是绿的，树木郁郁葱葱，林中百鸟欢歌。随着经济社会的飞速发展，高楼耸立、车辆川流，一段时间里许多美丽的色彩悄然淡出了我们的视线、那些动听的声音亦渐行渐远。值得欣慰的是，

生态环境部党组书记、部长李干杰发表主旨讲话

随着近年来生态环境保护力度不断加大，很多时候我们的天又蓝了、水清了、地绿了，鸟语花香的自然生态美景又回来了。

全国生态环境保护大会5月18日至19日在北京胜利召开。这次会议是在习近平总书记的亲切关怀下，由党中央决定召开的，总书记出席会议并发表重要讲话，李克强总理在会上讲话，韩正副总理做会议总结。会议对全面

加强生态环境保护、坚决打好污染防治攻坚战做出了系统部署和安排。

这次大会是我国生态环境保护和生态文明建设发展历程中一次规格最高、规模最大、影响最广、意义最深的历史性盛会，实现了"四个第一"并形成了"一个标志性成果"，具有划时代的里程碑意义。党中央决定召开，是第一次；总书记出席大会并发表重要讲话，是第一次；以中共中央、国务院名义印发加强生态环境保护的重大政策性文件，是第一次；会议名称改为全国生态环境保护大会，是第一次。大会最大的亮点就是确立了习近平生态文明思想，这是标志性、创新性、战略性的重大理论成果，是新时代生态文明建设的根本遵循，为推动生态文明建设、加强生态环境保护提供了思想指引和行动指南。

党的十八大以来，以习近平同志为核心的党中央把生态文明建设摆在治国理政的突出位置，开展了一系列根本性、开创性、长远性工作，深刻回答了为什么建设生态文明、建设什么样的生态文明、怎样建设生态文明的重大理论和实践问题，形成了习近平生态文明思想，成为习近平新时代中国特色社会主义思想的重要组成部分，引领生态环境保护取得历史性成就、发生历史性变革。

习近平生态文明思想的内涵十分丰富，集中体现在"八个观"：生态兴则文明兴、生态衰则文明衰的深邃历史观；坚持人与自然和谐共生的科学自然观；绿水青山就是金山银山的绿色发展观；良好生态环境是最普惠的民生福祉的基本民生观；山水林田湖草是生命共同体的整体系统观；用最严格制度保护生态环境的严密法治观；全社会共同建设美丽中国的全民行动观；共谋

全球生态文明建设之路的共赢全球观。

当前和今后一个时期，生态环境宣传和舆论引导工作的核心任务就是广泛深入宣传习近平生态文明思想和全国生态环境保护大会精神。一是大力宣传习近平生态文明思想和全国生态环境保护大会的重大现实意义、深远历史意义和鲜明世界意义。二是大力宣传当前生态环境保护"三期叠加"的重大形势判断，进一步增强全社会保护生态环境的信心和决心。习近平总书记指出，生态文明建设和生态环境保护正处于压力叠加、负重前行的关键期，进入提供更多优质生态产品以满足人民日益增长的优美生态环境需要的攻坚期，到了有条件、有能力解决生态环境突出问题的窗口期。三是大力宣传加快构建生态文明五大体系，进一步增强全社会推进生态文明建设的自觉性和主动

性。习近平总书记强调，要加快建立健全以生态价值观念为准则的生态文化体系、以产业生态化和生态产业化为主体的生态经济体系、以改善生态环境质量为核心的目标责任体系、以治理体系和治理能力现代化为保障的生态文明制度体系、以生态系统良性循环和环境风险有效防控为重点的生态安全体系。四是大力宣传以习近平同志为核心的党中央坚决打好打胜污染防治攻坚战的重大决策部署，进一步凝聚社会共识和攻坚力量。坚决打好污染防治攻坚战的七场标志性战役，重中之重是打赢蓝天保卫战。同时，打好碧水保卫战、扎实推进净土保卫战，还老百姓蓝天白云、繁星闪烁，清水绿岸、鱼翔浅底，鸟语花香、田园风光的自然美景，使全面建成小康社会得到人民认可、经得起历史检验。五是大力宣传地方各级党委、政府及有关部门落实"党政同

2018 年六五环境日国家主场活动在湖南长沙举办

责""一岗双责"的务实举措和成效，不断增进人民群众对党和政府的信任和拥护。习近平总书记要求，全面加强党对生态环境保护的领导，地方各级党委和政府主要领导是本行政区域生态环境保护的第一责任人，各相关部门要履行好生态环境保护职责，使各部门守土有责、守土尽责，分工协作、共同发力。六是大力宣传生态环境保护队伍的精神面貌，充分展现这支队伍"拉得出、上得去、打得赢"的铁军形象。习近平总书记强调，打好污染防治攻坚战是一场大仗、硬仗、苦仗，必须建设一支生态环境保护铁军，政治强、本领高、作风硬、敢担当，特别能吃苦、特别能战斗、特别能奉献，要求各级党委和政府关心、支持生态环境保护队伍建设，主动为敢干事、能干事的干部撑腰打气。

女士们、先生们、朋友们!

保护好生态环境离不开全社会的关心、参与和支持。长期以来，六五环境日对提升民众生态环境保护意识发挥了重要的促进作用。我们将 2018 年六五环境日的主题确定为"美丽中国，我是行动者"，旨在进行广泛社会动员，推动从意识向意愿转变、从抱怨向行动转变，以行动促进认识提升、知行合一，从简约适度、绿色低碳生活方式做起，积极参与生态环境事务，同心同德，打好污染防治攻坚战，在全社会形成人人、事事、时时崇尚生态文明的社会氛围，让美丽中国建设深入人心，让绿水青山就是金山银山的理念得到深入认识和实践，结出丰硕成果。

——希望人人都成为环境保护的关注者。积极关注生态环境政策，为政府建言献策、贡献智慧。常言道，高手在民间。我们要经常邀请一些长期活跃在生态环境保护领域的社会组织代表、公众意见领袖参加座谈、调研，召开新闻发布会，为生态环境保护工作出谋划策。我们欢迎社会各界人士和广大网友继续献计献策，集全民智慧不断改进生态环境保护工作。

——希望人人都成为环境问题的监督者。发现生态破坏和环境污染问题及时劝阻、制止或向"12369"平台举报。生态环保队伍的人员是有限的，但是群众的力量是无穷的。中央环保督察"回头看"正在多地展开，我们鼓励广大人民群众积极提供线索，成为发现生态环境问题的"耳目"。我们愿为群众代言，坚决捍卫群众的生态环境权益。

　　——希望人人都成为生态文明的推动者。积极传播生态环境保护知识和生态文明理念，参与环保公益活动和志愿服务，传递环保正能量，使生态道德和生态文化得到弘扬。一会儿，我们将揭晓"2016—2017 绿色中国年度人物"，表彰一批对生态环境保护事业做出突出贡献的个人和组织，愿他们的先进事迹能感染和影响更多的人投身生态环境保护事业。

　　——希望人人都成为绿色生活的践行者。从我做起，从身边的小事做起，拒绝铺张浪费和奢侈消费，自觉践行简约适度、绿色低碳的生活方式。今天上午我们将现场发布《公民生态环境行为规范（试行）》，在全国范围启动

"美丽中国，我是行动者"主题实践活动，每一位公民少用一度电、节约一滴水、少开一天车、分类投放垃圾，都是有效的环保行动。"勿以善小而不为"，点点滴滴和涓涓细流终将汇聚成生态环境保护的巨大能量。

女士们、先生们、朋友们！

随着习近平生态文明思想不断深入人心，随着生态文明建设实践不断深入推进，随着越来越多人加入到我们中间来，我们坚信，中国的生态环境保护事业必将快速发展壮大，天蓝、地绿、水清的美丽中国必将实现！

最后，预祝本次活动取得圆满成功！

谢谢大家！

坚持生态优先、绿色发展
加快建设富饶美丽幸福新湖南

各位领导、各位来宾，女士们、先生们：

大家上午好！

在这万木葱茏、景色怡人的美好时节，2018年六五环境日主场活动暨创新与绿色发展国际工商圆桌会议正式开幕了。在此，我代表湖南省委、省政府和7300多万湖南人民，向莅临今天活动现场的各位嘉宾朋友表示诚挚欢迎和衷心感谢！

生态环境是人类生存和发展的根基。保护生态环境、推进绿色发展、建设美丽中国，是关系中华民族永续发展的根本大计，是实现经济高质量发展的必然要求。这次六五环境日以"美丽中国，我是行动者"为主题，顺应发展大势，紧贴公众意愿，对于引导全社会积极参与生态文明和美丽中国建设、加快形成绿色生产方式和生活方式具有十分重要的意义。"一带一路"相关国家代表和有关国际嘉宾应邀参加这次活动，对我们加强环境保护国际合作更是有力的推动和促进。

湖南是毛泽东主席的家乡，山清水秀、环境优美。过去古人在这里留下过"洞庭天下水、岳阳天下楼""秋风万里芙蓉国"等美丽诗篇，毛主席也曾

湖南省委书记、省人大常委会主任杜家毫发表主旨讲话

用"层林尽染""漫江碧透""芙蓉国里尽朝晖"等诗句描绘湖南的山水之美。近年来，在习近平新时代中国特色社会主义思想的光辉指引下，湖南深入实施创新引领开放崛起战略，积极探索生态优势转化为发展优势的科学路径，在保持经济社会平稳健康发展的同时，推动美丽湖南和生态强省建设迈出坚实步伐，全省生态环境质量不断好转，主要污染物排放总量持续减少，资源

　　节约集约利用水平进一步提高，人居环境明显改善，初步形成了经济发展与环境保护协调互动、相得益彰的基本格局。

　　各位来宾，朋友们！

　　保护生态环境、建设美丽中国，重在全民参与、共同行动。从湖南来讲，我们的行动就是坚持生态优先、绿色发展，加快建设富饶美丽幸福新湖南。

富饶，就是坚持发展为要，全面贯彻创新、协调、绿色、开放、共享的新发展理念，坚守绿水青山就是金山银山，提高全面建成小康社会的质量和成色。美丽，就是坚持生态优先，加强环境保护、建设生态强省，还自然以宁静、和谐、美丽，使三湘大地天更蓝、山更绿、水更清、地更净、家园更美好。幸福，就是坚持民生为本，既创造更多的物质财富和精神财富以满足人民日益增长

的美好生活需要，也提供更多优质生态产品以满足人民日益增长的优美生态环境需要。

第一，坚决打好污染防治攻坚战，以环境治理擦亮山清水秀的名片。湖南是长江经济带重要省份，洞庭湖是长江中游最重要的通江湖泊和最主要的调蓄湖泊，"一湖四水"连通长江、辐射全省。习近平总书记今年4月视察湖南时，嘱托我们"守护好一江碧水"。为贯彻习近平总书记重要指示要求，我们将统筹山水林田湖草等生态要素，开展碧水、蓝天、净土行动，努力保护和修复好自然生态。坚持"四水"协同、"江湖"联动，持续推进湘江和洞庭湖生态环境治理；突出工业、燃煤、机动车等污染源治理，加强耕地重金属污染修复治理，持之以恒推进大气、土壤污染防治；重点解决农村垃圾、污水、厕所、养殖等问题，扎实推进农村人居环境综合整治，加快建设美丽乡村，还老百姓蓝天白云、繁星闪烁，清水绿岸、鱼翔浅底的景象，为子孙后代留下美丽家园。

第二，走生态优先、绿色发展的路子，让绿色成为高质量发展的底色。高质量发展是体现新发展理念的发展，是以绿色为普遍形态的发展。我们将把生态文明理念融入经济社会发展的全过程、各方面，严守生态保护红线、环境质量底线、资源利用上线，做到一切经济活动都以不破坏生态环境为前提。结合实施创新引领开放崛起战略，扎实推进供给侧结构性改革，加快调整经济结构和能源结构，推进资源全面节约和循环利用，推广利用绿色清洁技术，培育发展绿色环保产业，不断提升经济发展的"绿色含量"，实现发展模式变"绿"、产业结构变"轻"、经济质量变"优"。

第三，突出生态惠民、利民、为民，使生态幸福成为高品质生活的标配。良好的生态环境是最普惠的民生福祉。从"盼温饱"到"盼环保"，从"求生存"到"求生态"，绿色正在装点群众幸福生活的梦想。我们将顺应人民群众对干净水质、绿色食品、清新空气等优美生态环境的需要，把解决突出生态环境问题作为民生优先领域，下大力保障群众"米袋子""菜篮子""水缸子"安全，让老百姓吃得安心、住得放心、生活得顺心。

第四，健全生态环境保护常态长效机制，把美丽湖南变成全省上下的追求。保护生态环境，既要靠制度，更要靠法治。我们将以生态文明体制改革为突破，以落实"河长制""湖长制"为抓手，用最严密法律、最严格制度保护生态环境，加快构建生态文明体系，建立健全生态文化体系、生态经济体系、目标责任体系、生态文明制度体系、生态安全体系。依托六五环境日等纪念活动，大力开展生态环境保护宣传，积极引导人民群众增强节约意识、环保意识、生态意识，培育生态道德和行为准则，全面动员、全民参与生态环境保护工作，自觉做美丽湖南建设的践行者、推动者。

最后，祝本次环境日系列活动圆满成功！祝愿各位来宾工作顺利、身体安康！

谢谢大家！

以实际行动"守护好一江碧水"

各位领导、各位嘉宾:

上午好!

今天是第 47 个世界环境日。生态环境部在湖南举办 2018 年六五环境日国家主场活动,是对湖南省生态环境工作的充分肯定和有力促进。

1972 年第 27 届联合国大会确定每年的 6 月 5 日为"世界环境日"。这次六五环境日国家主场活动以"美丽中国,我是行动者"为主题,旨在动员企业、专家和全社会以实际行动为建设美丽中国添砖加瓦,促进我国生态环境事业迈上新台阶。

建设美丽中国,湖南与全国各地一样,认真贯彻习近平生态文明思想,统筹推进经济建设与生态建设。近年来,我们认真落实习近平总书记"共抓大保护,不搞大开发"的要求,着力推进供给侧结构性改革,着力加强保障和改善民生工作,着力推进农业现代化,大力实施创新引领开放崛起战略,滚动实施湘江保护和治理"一号重点工程"及三个"三年行动计划",大力推进洞庭湖生态环境专项整治,加快富饶美丽幸福新湖南建设步伐,呈现出稳中有进、稳中趋优的良好态势,生态环境质量明显改善。2017 年,全省国家地表水考核断面 I ~ Ⅲ 类水质比例达 88.3% ;14 个市州集中式饮用水水源地达

湖南省委副书记、省长许达哲致辞

标率为 93.1%，城市空气质量平均优良天数比例比 2015 年提高 3.6 个百分点，PM$_{2.5}$ 和 PM$_{10}$ 平均浓度比 2015 年分别下降 14.8% 和 10.8%。目前，湖南省森林覆盖率 59.68%，居全国第六；省级以上自然保护区 49 个，国家级森林公园 64 个，数量居全国第一；湿地面积达 1530 万亩，占全省国土总面积的 4.81%，湿地保护率 75.44%，建成国家级湿地公园 70 个，居全国第一。

　　我们将以举办六五环境日国家主场活动为契机，深入贯彻全国生态环境保护大会和长江经济带发展座谈会议精神，紧紧围绕建设富饶美丽幸福新湖南的目标，按照《关于坚持生态优先绿色发展　深入实施长江经济带发展战略　大力推动湖南高质量发展的决议》的部署，进一步抓好以"一湖四水"为主战场的生态环境保护与治理。

　　一是坚持新时代推进生态文明建设的"六大原则"，即坚持人与自然和谐共生，绿水青山就是金山银山，良好生态环境是最普惠的民生福祉，山水林田湖草是生命共同体，用最严格的制度、最严密的法治保护生态环境，共谋全球生态文明建设，紧密结合全省实际，加快构建以生态价值观念为准则的生态文化体系、以产业生态化和生态产业化为主体的生态经济体系、以改善生态环境质量为核心的目标责任体系、以治理体系和治理能力现代化为保障的生态文明制度体系、以生态系统良性循环和环境风险有效防控为重点的生

态安全体系。

二是坚决贯彻新发展理念，紧扣高质量发展要求，转变发展方式，优化经济结构，加快形成节约资源和保护环境的空间格局、产业结构、生产方式、生活方式，忠实践行"绿水青山就是金山银山"的理念。

三是认真落实"共抓大保护，不搞大开发"的要求，坚持生态优先、绿色发展，把全省发展纳入长江经济带建设之中，"守护好一江碧水"，把洞庭湖区变成大美湖区，把"一湖四水"变成湖南的亮丽名片，把湖南省的长江岸线变成美丽风景线，为建设美丽清洁的万里长江做出湖南贡献。

四是大力实施污染防治攻坚战"三年行动计划"，以"一湖四水"为主战场，以大气、水、土壤污染防治为重点，开展污染防治"夏季攻势"，抓好湘江保护和治理"一号重点工程"、洞庭湖生态环境专项整治等重点工作，打赢蓝天、碧水、净土保卫战。

　　五是忠实践行以人民为中心的发展思想，集中力量解决一批群众反映突出、社会普遍关注的重点难点环境问题，确保到 2020 年，污染物排放大幅减少，环境质量大幅改善，不断满足人民群众日益增长的优美生态环境需要。

　　重现"漫江碧透、鱼翔浅底"的湘江美景，再绘"琼田万顷、烟波浩渺"的巴陵胜状，需要集四海之智，纳四方之才。只有全社会共同参与，各方面务实行动，才能真正绘就"桃花源里可耕田"的美丽画卷。我们真诚希望各位专家学者为湖南省破解环境难题提供智力支持，广大企业家积极参与生态环保事业和绿色产业发展，社会全体成员更加自觉践行绿色发展方式和生活方式。让我们携手共进、同心同向，以实际行动"守护好一江碧水"，共谱美丽中国建设的湖南篇章！

发布《公民生态环境行为规范（试行）》

各位嘉宾，各位朋友，大家好！

很高兴来到美丽的湖南长沙，来到六五环境日活动主场。在这里，我代表主办单位宣布《公民生态环境行为规范（试行）》正式发布施行。

习近平总书记多次强调，生态兴则文明兴，生态衰则文明衰；要像保护眼睛一样保护生态环境，像对待生命一样对待生态环境。总书记深刻指出，生态文化的核心应该是一种行为准则、一种价值理念。

今天，生态环境部、中央文明办、教育部、共青团中央、全国妇联共同编制并发布《公民生态环境行为规范（试行）》，就是认真贯彻落实习近平新时代中国特色社会主义思想，引导人们积极践行生态环境责任，牢固树立社会主义生态文明观，以简约适度、绿色低碳的生活方式，共建天蓝、地绿、水清的美丽中国。

中宣部副秘书长赵奇发布《公民生态环境行为规范（试行）》

　　美丽中国，人人共建；美丽中国，人人共享。今天我们为保护环境所做的每一份努力，今后我们的子孙都将赞扬我们、感谢我们。让我们携起手来，自觉遵循规范，从力所能及的小事做起，从日常生活的点滴做起，共同创造我们美好的家园，为把我国建设成为富强民主文明和谐美丽的社会主义现代化强国贡献自己的力量。

联合国环境规划署视频寄语

你好，我在印度孟买祝贺我所有的中国朋友们，祝贺世界环境日活动的成功举办！

我知道，你们现在欢聚在活力之城——长沙，我也很希望能在长沙和你们一起庆祝。我曾去过毛主席出生的地方——韶山。十分感激，我的好朋友

联合国副秘书长兼环境规划署执行主任索尔海姆视频寄语

李干杰部长和湖南省委书记杜家毫先生都在活动现场，一起庆祝世界环境日。

今年中国的六五环境日主题是"美丽中国，我是行动者"，这是非常棒的主题。我坚信，你们将采取切实行动，让中国变得更美丽。

不久前，在浙江省我亲眼见证了美丽中国的样子。我曾到访了习近平主席提出"绿色青山就是金山银山"理念的安吉。浙江省采取了强有力的措施治理污染，让曾经饱受污染的河流湖泊重新变得清澈无比，我想，在那里游泳甚至是直接饮水，都没什么问题。更重要的是那里的经济变得更加富有活力了。

联合国环境规划署认为，浙江省给全世界树立了良好的范例。印度很多河流饱受污染，他们需要向中国学习浙江省以及中国很多其他地方关于"美丽中国"的经验。

"美丽中国"也意味着减少污染。我想再次祝贺李干杰部长在治理京津冀地区的空气污染上取得的巨大成就：已经将污染物浓度成功降低了 30%～40%。中国大部分其他地区的空气治理也取得了同样的成就，这对世界上其

他国家和地区来说是一个极大的激励。

"美丽中国"还意味着少煤炭、多太阳能。去年,中国在太阳能发电方面遥遥领先,全球电网中 50% 的太阳能来自中国。在人类历史上,太阳能产量第一次超过了煤炭、油气等其他传统能源。

全球的世界环境日的主题是"塑战速决"。在主办国印度,印度总理莫迪和其他领导人正在推行强有力的措施减少塑料污染,比如印度的大学现在完全禁止了一次性塑料,你也可以看到很多其他非常棒的举措。在中国,海南省已经宣布在海南岛完全禁止一次性塑料制品,这为中国的其他地方和世界树立了典范。毫无疑问,在接下来的十年之内,我们将可以消除一次性塑料

问题，不会在海洋和国家公园及其他美丽的地方发现塑料垃圾。

"美丽中国"同时意味着美丽城市。显而易见，中国的城市是世界上历史悠久的城市之一，正在通过地铁系统、电动交通系统等解决方案让城市变得更美丽。仅仅在过去10年，中国创造了35个新的地铁系统，这在世界处于领先地位。中国的企业，如共享单车企业——摩拜和ofo、深圳的比亚迪、滴滴等都在全球引领出行行业向着电动交通的方向变革。自动力车辆、地铁和电动车正在让我们的城市变得更绿色、更美丽。

"美丽中国，我们都是行动者"，还意味着保护中国美丽的大自然，保护中国的老虎、熊猫等物种，确保新疆、内蒙古地区的沙漠和西藏地区的高山地貌呈现自然之美，让所有的绿水青山展现魅力。2020年，中国将主办《生物多样性公约》缔约方大会，我期待在这次会议上生物多样性的保护取得重要进展，迈出重要一步。非常感谢中国在环境保护领域诸多方面的领导力，联合国环境规划署非常愿意将中国的技术和知识向世界推广，让我们携手践行绿水青山就是金山银山的理念。

美丽中国，我是行动者。谢谢！

主场
视频
ZHUCHANG SHIPIN

美丽中国，我是行动者

⬇ 理念篇

　　这是一幅催人奋进的水墨丹青，这是美丽中国的生动内涵……

　　"我们要以更大的力度、更实的措施推进生态文明建设，加快形成绿色生产方式和生活方式，着力解决突出环境问题，使我们的国家天更蓝、山更绿、水更清、环境更优美，让绿水青山就是金山银山的理念在祖国大地上更加充分地展示出来。"（习近平总书记在十三届全国人大一次会议上的讲话）

　　山岳为笔，江河作墨，人民领袖以绿水青山的远见卓识在中华大地描绘出生态文明的壮美图景，一幅天蓝、地绿、水净的新画卷正徐徐展开。这是中国"蓝"，华夏儿女为此披荆斩棘，清洁低碳、节能减排，中国正在打赢一场蓝天保卫战；这是中国"绿"，时代的底色正在渲染，"天人合一、道法自然"的理想境界正在

这是一幅催人奋进的水墨丹青

中华大地生动上演；这是"中国清"，"共抓大保护，不搞大开发"，长江带、湘江源、南海滨……滋养生命的轮回之水正进行着一场生态修复的新实践。

我们是人类命运共同体，"一带一路"贡献全球，美丽中国让世界惊叹！生态文明建设是关系中华民族永续发展的根本大计。上下同欲者胜，和衷共济者兴。我们一定以习近平新时代中国特色社会主义思想为指导，扛起生态文明建设大旗，坚定不移走绿色发展道路，为人民创造一个诗意栖居的理想家园，为中华民族赢得永续发展的美好未来！

◆ 行动篇

仰望星空，对邀明月；踏遍青山，畅快呼吸，这是人民的期盼。民之所望，政之所向。"坚决打好污染防治攻坚战，推动生态文明建设迈上新台阶。"2018年全国生态环境保护大会上习近平总书记的讲话掷地有声。

从把生态文明建设纳入中国特色社会主义事业"五位一体"的总体布局到生态文明历史性地写入宪法，从《加快推进生态文明建设的意见》到《生态文明体制改革总体方案》，从史上最严环保法到"大气十条""水十条""土十条"等环境保护法律法规的落地，法规制度成为刚性的约束和不可触碰的高压线。

以问题为导向的中央环保督察以雷厉风行之势席卷全国，这是生态环境保卫战，也是转型升级持久战。问责追责，锤锤定音。

2018 年 4 月 16 日，新组建的生态环境部正式挂牌。履新伊始，连续通报问责多起污染事件，集中约谈十多个地方政府，组织全国打响了七场标志性重大战役。

蓝天保卫战：京津冀地区联防联控，打出"组合拳"，整治 6.2 万家散乱污企业，394 万户实现散煤替代，科学精准治霾，消除人民群众"心肺之患"，一蓝如洗的天空正在逐渐回归，提前完成"京 60"目标。

清水行动进行时：城市黑臭水体治理、渤海综合治理、长江保护修复、水源地保护四大攻坚战全面打响，生命之水流淌在中华儿女的心田。

净土在行动：开展土壤污染调查，强化污染源监管，加强固废防治，推进垃圾分类，抵制洋垃圾进口，打好农业农村污染治理攻坚战，确保人民吃得安全、住得心安。

上下同心，全国各地在行动：浙江创建生态省，矿山关停、茶园新绿，摇曳着生态宜居的美丽；河北雄安正在构建的绿色生态宜居新城，一方林淀环绕的华北水乡，一派城绿交融的中国画卷；湖南省舞活治理和保护湘江的省"一号重点工程"这个龙头，将污染防治向"一湖四水"延伸，五大重点区域整治取得积极进展，农村环境综合整治全省域覆盖，深入开展洞庭湖生态修复，退林还湖、禁止采砂，筑牢"一湖四水"生态屏障；沿长江经济带 11 省市携手共进，把修复长江生态环境摆在压倒性位置，"美丽乡村"风光无限。

"望得见山，看得到水，留得住乡愁。"良好的生态环境就是最普惠的民

生福祉。山河锦绣，功在当代，利在千秋。从北国到南疆，从青藏高原到四海之滨，建设美丽中国，我们一直在行动。

◈ 倡议篇

湖南省环保公益大使汪涵："大家好！我是汪涵。美丽中国，你我共享；美丽中国，你我共建。对接国家战略，今天的中国，人们正把建设美丽中国化作自觉行动。"

主动淘汰落后产能，积极调整产业结构，加大污染治理，开展清洁生产，积极履行社会责任，企业在行动！

建设清洁水源、清洁家园、清洁田园，大力开展农村环境综合整治，发展生态农业，建设美丽乡村，农村在行动！

普及环保知识，开展环保实践，培养生态道德，创建绿色学校，环境教育风生水起，学校在行动！

美化居住环境，实施垃圾分类，创建绿色社区，争创绿色家庭，社区在行动！

开展环境监督，守望绿水青山，记录环境变化，传播绿色理念，环保志愿者在行动！

倡导绿色消费，践行绿色生活，低碳绿色出行，引领勤俭风尚，我们都在行动！

汪涵："或许您可以做的只是一点点，但每个人的一点点汇聚起来就是不可低估的力量！"

湖南卫视主持人刘梦娜："我们一直在用智慧改变世界，它才变得更好。"

湖南卫视主持人丁文山："保护环境，守护家园。"

湖南卫视主持人李兵："为了更蓝的天、更清的水。"

湖南卫视主持人唐仲杰："为了我们能够呼吸到更加新鲜的空气。"

著名戏曲表演艺术家刘赵黔："从每时每刻起，到一点一滴处。"

中南大学教授杨雨："共建美丽中国。"

众人："我们在行动。"

汪涵："美丽中国，我是行动者。"

共建美丽中国，我们在行动。

2016—2017 绿色中国年度人物

　　他们是神州沃土的守护者，守护着山水的浩渺与苍翠；他们是习近平生态文明思想的践行者，践行着绿色中国的使命和担当。从千千万万的守护者和践行者中脱颖而出，此时此刻，他们身披荣光。让华夏永昌、子孙后代永享的不变信念化作他们的决心和动力，哪怕前路既阻且长，不畏惧、不退缩，初心不改，矢志不渝！

从民间行动到公共服务，从企业责任到学术创新，从宣传影响到文化引领，每一个维度下都有他们挥洒着的汗水和不停歇的脚步；从云贵到南海，从大漠到巴蜀，虽来自不同地域、不同岗位、不同职业，但他们诠释着相同的时代力量——"公益""行动""影响"，自觉融入污染攻坚的主战场。

一棵树木能带动一片森林的生长，一己之力能一点点辐射出众志成城。怀揣信念与坚持，他们时刻为理想家园而奔走。青青之草终能化作绿色的大地，正是这些爱与奉献给我们绿色的希望。"2016—2017绿色中国年度人物"将在这24位候选人中诞生，让你我拭目以待……

"2016—2017绿色中国年度人物"获奖名单

● 民间行动——郑文春（海南省蓝丝带海洋保护协会会长）：

团结一切力量保护美丽海洋，11年不忘初心，郑文春带领着"蓝丝带"飞扬在中国沿海，走向了世界舞台。"蓝丝带"建立了覆盖全国的海洋保护网络，53个团队、10万志愿者汇聚成了中国民间海洋保护的核心力量。他将蔚蓝海洋的理想化作千万人的海洋环境保护行动。他，是蓝色家园的守望者！

● 公共服务——喻旗（生态环境部华南督察局督查三处处长）：

32年的环保督查经历，明察暗访上万家企业，他被称为"华南督察局的一把尖刀"。他是环境监察和总量减排专家，拿下过多次环保硬仗，在环境监

察领域"桃李满天下"。他以钉钉子的精神通过十余年环保督查倒逼落后行业转型升级，获得经济发展与环境质量提升的"双赢"。他，是绿水青山的捍卫者！

● **企业责任——庄席福（江西君子谷野生水果世界有限公司董事长）：**

为留住儿时梦想，他设立了君子谷野果保护区。从野果物种收集到保护和开发，从野果主题公园到科普示范和生态旅游，庄席福带领君子谷从野果世界走向生态王国，演绎着绿水青山就是金山银山的真谛。他用20年的坚守谱写了一首生态环保与扶贫攻坚的和谐之歌，铸就了绿色崛起的君子谷样本。他，是美丽乡村的实践者！

● **学术创新——贺克斌（中国工程院院士、清华大学环境学院院长）：**

在与大气复合污染特别是$PM_{2.5}$的较量中，他主持建立了中国多尺度排放清单在线技术平台，为我国空气质量管理技术水平的提升做出重要贡献。他带领国家大气污染防治攻关联合中心科研团队编制排放清单，提出治理方案，为秋冬季空气重污染的科学应对发挥关键作用。他，是打赢蓝天保卫战的忠诚战士！

● **传播影响——汪涵（湖南广播电视台卫视频道主持人、节目监制）：**

他是脚踏实地、履职尽责的公益大使。他组织和参与"洞庭湖野生动物和湿地保护"专题调研小组，多次围绕生态保护和环境治理以及长江江豚、麋鹿保护等主题深入调研，撰写政协提案，为洞庭湖生态环境治理工作献计献策。他更以开阔的视角为洞庭湖生态保护汲取世界的经验。他，是环保公益力量的传播者！

● 文化引领——李晨（青年演员、导演）：

他是力争上游的优秀演员，在环保公益的跑道上也一路领先；他发起"跑蓝计划"，作为首位华人明星在联合国环境大会上发言。他被授予"联合国环境规划署亲善大使"，发起战胜污染迈向"零污染地球"的公益倡导。他激励和带动了包括其他名人在内的数百万公众投身环保公益活动。他，是环保公众参与的引领者！

● 文化引领——张焯（文博研究员、云冈石窟研究院院长）：

作为世界文化遗产——云冈石窟的掌门人，他用"过日子"的精神指导景区建设。两年间，3万多立方米的旧石废料在他的笔下、在云冈人手中，化作了质感凝重的人文景观和低碳节能的服务设施。他把保护文物与保护环境相融合，创造了世界文化遗产领域生态环保的中国范例。他，是生态文化的传承者！

《公民生态环境行为规范（试行）》网络推广版

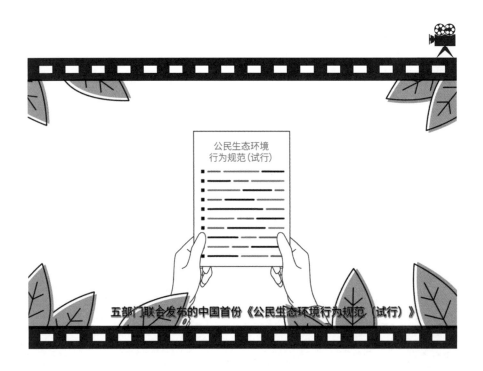

五部门联合发布的中国首份《公民生态环境行为规范（试行）》

保护环境离我们远吗？远。远在山林、湖泊、海洋。

保护环境离我们近吗？近。近在节约用水、随手关灯、垃圾分类。

就这些吗？当然不止。

这里有一份由生态环境部、中央文明办、教育部、共青团中央、全国妇联五部门联合发布的中国首份《公民生态环境行为规范（试行）》，我想你应该都能做到。

第一条　关注生态环境。提升生态文明素养。

第二条　节约能源资源。节水省电，节约用纸，按需点餐不浪费。

第三条　践行绿色消费。优先选择绿色产品，少用一次性用品、更新换代快的电子产品和过度包装商品。

第四条　选择低碳出行。优先选择环保交通方式，优先选择节能环保型汽车。

第五条　分类投放垃圾。掌握垃圾分类常识，按标志分类投放垃圾。

第六条　减少污染产生。不焚烧垃圾、秸秆，少燃用散煤，少燃放烟花爆竹，抵制露天烧烤。

第七条　呵护自然生态。爱护山水林田湖草等生态系统，保护野生动植物。

第八条　参加环保实践。积极为环境保护贡献力量。

第九条　参与监督举报。积极参与和监督生态环境保护工作。

第十条　共建美丽中国。自觉做生态环境保护的倡导者、行动者、示范者。

美丽中国，我们在行动。你呢？一起来吧！

"美丽中国，我是行动者"
线上活动地图

计量自身为生态环境保护所做贡献

平凡生活中，你最关心什么？出门看天气，居住看环境，喝水要喝干净水。阳光、空气和水是人类生存的必需品。

你了解身边的环境状况吗？你愿意践行绿色生活方式，为保护生态环境做出自己的贡献吗？

相关部门联合社会公益组织开发了"美丽中国，我是行动者"线上活动地图，为普通市民践行绿色生活方式、量化绿色行为、计量自身为生态环境保护所做贡献搭建了一个平台。让我们每个人都成为环境保护的捍卫者。点滴行动汇聚成建设美丽中国的时代洪流。

美丽中国，我们在行动。

美丽中国·我是行动者

主场
ZHUCHANG BAODAO
报道

六五环境日主场活动在长沙举办

　　2018年六五环境日主场活动今日在湖南长沙举办。湖南省委书记杜家毫，湖南省省长许达哲，生态环境部党组书记、部长李干杰，中共中央宣传部副秘书长赵奇等出席活动。

　　活动在六五环境日主题曲《让中国更美丽》的音乐声中拉开帷幕。杜家毫发表主旨讲话，他首先代表湖南省委、省政府和湖南人民对与会嘉宾表示欢迎与感谢。杜家毫表示，生态环境是人类生存和发展的根基。保护生态环境、推进绿色发展、建设美丽中国，是关系中华民族永续发展的根本大计，是实现经济高质量发展的必然要求。这次六五环境日以"美丽中国，我是行动者"为主题，顺应发展大势，紧贴公众意愿，对于引导全社会积极参与生态文明和美丽中国建设、加快形成绿色生产方式和生活方式具有十分重要的意义。"一带一路"相关国家代表和有关国际嘉宾应邀参加这次活动，对加强环境保护国际合作更是有力地推动和促进。

　　杜家毫指出，湖南是毛泽东主席的家乡，山清水秀、环境优美。近年来，湖南坚持以习近平新时代中国特色社会主义思想为指导，深入实施创新引领开放崛起战略，积极探索生态优势转化为发展优势的科学路径，在保持经济社会平稳健康发展的同时，推动美丽湖南和生态强省建设迈出坚实步伐，全省生态环境质量不断好转，初步形成了经济发展与环境保护协调互动、相得益彰的基本格局。

　　杜家毫指出，保护生态环境、建设美丽中国，重在全民参与、共同行动。从湖南来讲，我们的行动就是坚持生态优先、绿色发展，加快建设富饶美丽幸福新湖南。富饶，就是坚持发展为要，全面贯彻新发展理念，坚守绿水青

山就是金山银山,提高全面建成小康社会的质量和成色。美丽,就是坚持生态优先,加强环境保护、建设生态强省,还自然以宁静、和谐、美丽,使三湘大地天更蓝、山更绿、水更清、地更净、家园更美好。幸福,就是坚持民生为本,既创造更多的物质财富和精神财富以满足人民日益增长的美好生活需要,也提供更多优质生态产品以满足人民日益增长的优美生态环境需要。

杜家毫表示,湖南将牢记习近平总书记"守护好一江碧水"的殷切嘱托,统筹山水林田湖草等生态要素,开展碧水、蓝天、净土、清废行动,努力保护和修复好自然生态,坚决打好污染防治攻坚战,以环境治理擦亮山清水秀的名片;把生态文明理念融入经济社会发展全过程、各方面,严守生态保护红线、环境质量底线、资源利用上线,走生态优先、绿色发展的路子,实现发展模式变"绿"、产业结构变"轻"、经济质量变"优",让绿色成为高质量发展的底色;顺应人民群众对干净水质、绿色食品、清新空气等优美生态环境的需要,把解决突出生态环境问题作为民生优先领域,突出生态惠民、利民、为民,使生态幸福成为高品质生活的标配;以生态文明体制改革为突破,以落实"河长制""湖长制"为抓手,用最严密法律、最严格制度保护生态环境,加快构建生态文明体系,着力健全生态环境保护常态长效机制,把美丽湖南变成全省上下的追求,全面动员、全民参与生态环境保护工作,自觉做美丽湖南建设的践行者、推动者。

许达哲发表致辞。他表示,湖南将深入贯彻全国生态环境保护大会和长江经济带发展座谈会议精神,紧紧围绕建设富饶美丽幸福新湖南的目标,着

力落实湖南省委《关于坚持生态优先绿色发展　深入实施长江经济带发展战略　大力推动湖南高质量发展的决议》，切实抓好以"一湖四水"为主战场的生态环境保护与治理。

许达哲指出，湖南将坚持新时代推进生态文明建设的"六大原则"，加快构建生态文化体系、生态经济体系、目标责任体系、生态文明制度体系和生态安全体系。坚决贯彻新发展理念，紧扣高质量发展要求，转变发展方式，优化经济结构，加快形成节约资源和保护环境的空间格局、产业结构、生产方式、生活方式。认真落实"共抓大保护，不搞大开发"的要求，坚持生态优先、绿色发展，把全省发展纳入长江黄金经济带建设之中，努力把长江岸线变成美丽风景线，把洞庭湖区变成大美湖区，把"一湖四水"变成湖南的

亮丽名片，为建设美丽清洁的万里长江作出湖南贡献。大力实施污染防治攻坚战"三年行动计划"，以"一湖四水"为主战场，以大气、水、土壤污染防治为重点，开展污染防治"夏季攻势"，抓好湘江保护和治理"一号重点工程"、洞庭湖生态环境专项整治等重点工作，打赢蓝天、碧水、净土保卫战。忠实践行以人民为中心的发展思想，集中力量解决一批群众反映突出、社会普遍关注的重点难点环境问题，不断满足人民群众日益增长的优美生态环境需要。

许达哲说，重现"漫江碧透、鱼翔浅底"的湘江美景，再绘"琼田万顷、烟波浩渺"的巴陵胜状，需要集四海之智，纳四方之才。真诚希望与会专家学者为湖南破解环境难题提供指导，广大企业家积极参与生态环保事业和绿色产业发展，社会全体成员更加自觉践行绿色发展方式和生活方式，携手共进、同心同向，共建天蓝、地绿、水清的美好家园，共谱美丽中国建设的湖南篇章。

李干杰发表主旨讲话。他表示，2018 年 5

月召开的全国生态环境保护大会具有划时代的里程碑意义。大会正式确立了习近平生态文明思想，深刻回答了为什么建设生态文明、建设什么样的生态文明、怎样建设生态文明的重大理论和实践问题，成为习近平新时代中国特色社会主义思想的重要组成部分。习近平生态文明思想内涵丰富，是标志性、创新性、战略性重大理论成果，是新时代生态文明建设的根本遵循与最高准则，引领生态环境保护取得历史性成就、发生历史性变革。当前和今后一个时期，生态环境宣传和舆论引导工作的核心任务就是广泛深入宣传习近平生态文明思想和全国生态环境保护大会精神。

李干杰指出，2018 年六五环境日的主题是"美丽中国，我是行动者"，旨在进行广泛社会动员，推动从意识向意愿转变、从抱怨向行动转变，以行动促进认识提升，知行合一，从简约适度、绿色低碳生活方式做起，积极参与生态环境事务，同心同德，打好污染防治攻坚战，在全社会形成人人、事事、时时崇尚生态文明的社会氛围，让美丽中国建设深入人心，让绿水青山就是金山银山的理念得到深入认识和实践并结出丰硕成果。

李干杰就全社会关心、参与和支持生态环境保护提出四点希望：

一是人人都成为环境保护的关注者，欢迎社会各界人士和广大网友积极关注生态环境政策，为政府建言献策、贡献智慧，集全民智慧不断改进生态环境保护工作；

二是人人都成为环境问题的监督者，群众的力量是无穷的，发现生态破坏和环境污染问题要及时劝阻、制止或向"12369"平台举报，生态环境部门愿为群众代言，坚决捍卫群众的生态环境权益；

音诗画《长江啊，你一定要记得》

三是人人都成为生态文明的推动者，要积极传播生态环境保护知识和生态文明理念，参与环保公益活动和志愿服务，传递环保正能量，使生态道德和生态文化得到弘扬，感染和影响更多的人投身生态环境保护事业；

四是人人都成为绿色生活的践行者，从我做起，从身边的小事做起，拒绝铺张浪费和奢侈消费，自觉践行简约适度、绿色低碳的生活方式，点点滴滴和涓涓细流终将汇聚成生态环境保护的巨大能量。

联合国副秘书长兼环境规划署执行主任索尔海姆通过视频发来热情洋溢的环境日寄语。他说，中国 2018 年六五环境日发布的"美丽中国，我是

行动者"是很好的主题。美丽中国意味着减少污染，意味着少用煤炭多用太阳能，意味着让城市变得更美丽，意味着保护中国美丽的大自然，让所有的绿水青山展现魅力。索尔海姆表示，联合国环境规划署非常感谢中国在环境保护领域诸多方面的领导力，呼吁大家携手践行"绿水青山就是金山银山"的理念。

六五环境日主场活动还颁授了"2016—2017年绿色中国年度人物"，发布了《公民生态环境行为规范（试行）》。杜家毫、许达哲、李干杰、赵奇共同启动"美丽中国，我是行动者"主题实践活动。最后，在《让中国更美丽》的主题曲中六五环境日主场活动落下帷幕。

本次活动由生态环境部、中央精神文明建设指导委员会办公室、湖南省人民政府共同主办。中央国家机关及群团组织有关部门负责同志、联合国环境规划署驻华代表，以及有关国际组织代表出席活动。

在六五环境日主场活动举办前，6月4日，李干杰先后走访调研了湖南省岳阳市华龙码头、七里山水文站、东风湖、三大湖和市级饮用水水源地金凤桥水库，实地查看环境综合治理情况。李干杰在调研中指出，要坚决贯彻落实习近平总书记对长江经济带"共抓大保护，不搞大开发"的重要指示精神，切实保护长江生态环境安全，做到水资源、水生态、水环境并重，抓上下游统筹、抓重点区域、抓治理修复、抓体制机制改革，保护好长江这条和谐、健康、清洁、优美、安全的母亲河。

李干杰强调，长江保护修复是党中央、国务院部署的打好污染防治攻坚战的七场标志性重大战役之一，要及时将饮用水水源地环境保护、城市黑臭水体整治、"清废行动 2018"等强化督查专项行动发现的问题移交市、县（区）两级人民政府限期解决，并将问题整改情况作为中央环保督察"回头看"的重要内容，强化督察问责。同时，要强化信息公开和宣传报道，充分利用好社会监督力量，共同打好长江保护修复这场战役。

美丽中国·我是行动者

"2016—2017 绿色中国年度人物" 揭晓

"2016—2017 绿色中国年度人物" 表彰

2018 年 6 月 5 日，"2016—2017 绿色中国年度人物"在六五环境日国家主场活动现场湖南省长沙市正式揭晓。

7 位获奖年度人物分别为海南省蓝丝带海洋保护协会会长郑文春、生态环境部华南督察局督察三处处长喻旗、江西君子谷野生水果世界有限公司董事长庄席福、中国工程院院士贺克斌、湖南广播电视台卫视频道主持人汪涵、青年演员李晨、云冈石窟研究院院长张焯。

"2016—2017 绿色中国年度人物"评选以"全民共治，环保攻坚"为主题，继续秉承"公益""行动""影响"三大评选标准，寻找优秀社会人士或集体。在评选活动正式启动后，经过推荐提名、资格审查及初评、公示、最终评选，7 位致力于民间行动、公共服务、企业责任、学术创新、传播影响、文化引领的优秀人物，凭借坚守绿色理想的精神和感人至深的行动从 24 位入选者中脱颖而出。

绿色中国年度人物由生态环境部、全国人大环资委、全国政协人资环委、国家广电总局、共青团中央、军委后勤保障部军事设施建设局共同主办，联合国环境规划署特别支持。

生态环境部等五部门联合发布
《公民生态环境行为规范（试行）》

2018 年 6 月 5 日是新修订的《环境保护法》规定的第 4 个环境日。生态环境部、中央文明办、教育部、共青团中央、全国妇联五部门在 2018 年六五环境日国家主场活动现场联合发布《公民生态环境行为规范（试行）》，倡导简约适度、绿色低碳的生活方式，引领公民践行生态环境责任，携手共建天蓝、地绿、水清的美丽中国。

公民生态环境行为规范（试行）

第一条 关注生态环境。关注环境质量、自然生态和能源资源状况，了解政府和企业发布的生态环境信息，学习生态环境科学、法律法规和政策、环境健康风险防范等方面知识，树立良好的生态价值观，提升自身生态环境保护意识和生态文明素养。

 公民生态环境行为规范（试行）

第二条 节约能源资源。合理设定空调温度，夏季不低于26度，冬季不高于20度，及时关闭电器电源，多走楼梯少乘电梯，人走关灯，一水多用，节约用纸，按需点餐不浪费。

 公民生态环境行为规范（试行）

第三条 践行绿色消费。优先选择绿色产品，尽量购买耐用品，少购买使用一次性用品和过度包装商品，不跟风购买更新换代快的电子产品，外出自带购物袋、水杯等，闲置物品改造利用或交流捐赠。

 公民生态环境行为规范（试行）

第四条 选择低碳出行。优先步行、骑行或公共交通出行，多使用共享交通工具，家庭用车优先选择新能源汽车或节能型汽车。

第五条 分类投放垃圾。学习并掌握垃圾分类和回收利用知识，按标志单独投放有害垃圾，分类投放其他生活垃圾，不乱扔、乱放。

 公民生态环境行为规范（试行）

 公民生态环境行为规范（试行）

第六条 减少污染产生。不焚烧垃圾、秸秆，少烧散煤，少燃放烟花爆竹，抵制露天烧烤，减少油烟排放，少用化学洗涤剂，少用化肥农药，避免噪声扰民。

 公民生态环境行为规范（试行）

第七条 呵护自然生态。爱护山水林田湖草生态系统，积极参与义务植树，保护野生动植物，不破坏野生动植物栖息地，不随意进入自然保护区，不购买、不使用珍稀野生动植物制品，拒食珍稀野生动植物。

第八条 参加环保实践。积极传播生态环境保护和生态文明理念，参加各类环保志愿服务活动，主动为生态环境保护工作提出建议。

 公民生态环境行为规范（试行）

第九条 参与监督举报。遵守生态环境法律法规，履行生态环境保护义务，积极参与和监督生态环境保护工作，劝阻、制止或通过"12369"平台举报破坏生态环境及影响公众健康的行为。

 公民生态环境行为规范（试行）

第十条 共建美丽中国。坚持简约适度、绿色低碳的生活与工作方式，自觉做生态环境保护的倡导者、行动者、示范者，共建天蓝、地绿、水清的美好家园。

生态环境部等五部门部署开展
"美丽中国,我是行动者"主题实践活动

生态环境部、中央文明办、教育部、共青团中央、全国妇联五部门日前联合印发《关于开展"美丽中国,我是行动者"主题实践活动的通知》(环办宣教函〔2018〕410号)(以下简称《通知》),部署在全国开展为期三年的"美丽中国,我是行动者"主题实践活动。

《通知》强调,"美丽中国,我是行动者"主题实践活动的开展旨在深入贯彻落实党的十九大精神和全国生态环境保护大会精神,倡导简约适度、绿色低碳的生活方式,以提高全民生态文明素养为目标,坚持贴近生活、示范引领和实践养成,在全社会营造人人、事事、时时、处处崇尚生态文明的社会氛围,为打好污染防治攻坚战、建设美丽中国打下坚实的社会基础。

《通知》指出,从2018年到2020年要在学校、社区、企业和农村等场所按照"宣传动员"、"深化推进"和"总结提升"三步走战略,积极开展"美丽中国,我是行动者"主题实践活动。通过三年的不懈努力,要在全社会牢固树立绿水青山就是金山银山

启动"美丽中国，我是行动者"主题实践活动

的理念，使公众的生态环境素养显著提升；把对美好生态环境的向往转化为思想自觉和行动自觉，成为环境保护法律义务的自觉履行者、美好环境的坚定捍卫者、美丽中国建设的积极践行者，生态文明观在全社会基本树立，形成人人争做美丽中国建设的行动者，共同守护蓝天白云、绿水青山的良好局面。

《通知》要求，各地各部门要增强思想自觉，把开展"美丽中国，我是行动者"主题实践活动摆上重要位置，提上重要议程，精心谋划部署。各级文明办、生态环境、教育、共青团、妇联等部门要分工合作、齐心协力推进主题实践活动，组织动员全社会参与生态文明建设，汇聚建设美丽中国的强大力量。各地各部门要把主题实践活动开展与打好污染防治攻坚战、美丽中国目标基本实现的重要时间节点有机结合起来，落实、落细、落小方案；要做好活动意义、内容及典型示范宣传，增强活动吸引力、感染力；要创新形式与载体，坚决防止形式主义、做表面文章，确保取得实实在在的效果。

全民行动，让中国更美丽

——2018 年六五环境日宣传活动综述

这是新《中华人民共和国环境保护法》实施以来，我国开展的第四个环境日宣传活动，也是生态环境部组建之后举办的第一个六五环境日国家主场活动。

"组织好六五环境日等活动，唱响'美丽中国，我是行动者'的主题……完善环境日活动主场，彰显生态环境宣传、生态文化和公众参与的主体内容，使环境日活动不断提高质量、扩大影响、增强效果。"5 月 29 日，生态环境部部长李干杰在全国生态环境宣传工作会议上对六五环境日宣传工作进行部署，提出要求。

这是一次在习近平生态文明思想指导下，全民关心、全民支持、全民参与共同建设美丽中国的大行动。

◆ 一次宣传，点燃全民环保互动新热情

"美丽中国，我是行动者。"3 月 23 日，生态环境部面向社会公开发布

2018年六五环境日主题，这将是沿用至2020年的宣传主题。这一主题既是对党的十九大报告中"建设美丽中国"精神的贯彻落实，同时也是对今年政府工作报告中"我们要携手行动，建设天蓝、地绿、水清的美丽中国"的积极响应。

5月26日，生态环境部发布2018年六五环境日主题系列宣传品，包括主题标识、主题海报、主题歌曲和主题微视频。这也是首次在环境日发布主题歌曲和微视频，实现了从听觉到视觉的打通，带来了全方位的感官体验。

宣传品全而精，创意度新而奇，参与度强而活，影响力广而深。与以往

美丽中国·我是行动者

相比，今年六五环境日宣传活动引起了强烈的社会反响，激发了全民参与环保行动的热情。

"从你做起，从我做起，从现在做起……"悠扬动人的旋律、朗朗上口的歌词，六五环境日主题歌曲《让中国更美丽》自发布并向全社会征集优秀作品之日起，瞬间在神州大地传唱。演唱者既有80多岁的老人，又有4岁的孩童；既有环保工作者，又有在校大学生；演唱的方式既有钢琴弹唱，又有长笛独奏……这次"全民大嗨歌"唱出的不仅是诗意景色，更唱出了大家从自身做起、从小事做起，留住鸟语花香、共建美丽中国的环保"好声音"。

"在你心中，美丽中国是什么样子？""我们能够为美丽中国做些什么？"六五环境日主题宣传期间，生态环境部官方微博、微信公众号陆续推出"主题微视频""街头采访大家说"等新媒体产品。从垃圾分类到低碳出行，从主动监督到环保实践，微视频深刻传达出只要积极行动起来，人人都可以成为建设美丽中国的贡献者的理念。天更蓝、山更绿、水更清、环境更优美，"绿水青山就是金山银山"的理念在祖国大地上更加充分地展示出来。

"美丽中国，我是行动者"的主题在网络空间也唤起了广大网友高度的参与热情。网友们通过多个平台、多种形式参与六五环境日线上活动，掀起了传播"美丽中国，我是行动者"理念的网络热潮。在新浪微博上，生态环境部主持的话题"美丽中国，我是行动者"的阅读量破2.4亿次，视频短片《数位知名演员和网友代表共同倡议：美丽中国，我是行动者》阅读量逾2800万次；超过520万人参加了支付宝蚂蚁森林推出的"六五环境日 步步为林"活动，以当天走一万步的方式参与"我是行动者"挑战；不少网友在朋友圈

晒出自己带有"美丽中国，我是行动者"字样的靓照，阳光帅气，满满的正能量。

◈ 一场活动，汇聚社会参与行动新力量

六月的长沙，万木葱茏、景色宜人。

6月5日，上千名中外嘉宾相约在梅溪湖国际文化艺术中心，一场高规格的由生态环境部、中央文明办和湖南省人民政府共同主办的2018年六五环境日国家主场活动顺利举办。会场外，花团锦簇，"美丽中国，我是行动者"主题标识格外醒目，众人纷纷合影留念；会场内，座无虚席，《让中国更美丽》的主题曲催人奋进，气氛热烈而庄重。

　　推动者，这是美丽中国建设过程中人人无法磨灭的绿色印记。"如果未来美丽中国的画卷有一抹精彩的绿色，每一个人都应成为那一片珍贵的绿叶。美丽中国，我们都是行动者！"多年来热衷于环保公益事业的湖南卫视主持人、节目监制汪涵在"2016—2017 绿色中国年度人物"颁奖现场这样诠释自己的环保理念。与他同时获得荣誉的还有 6 位来自各行各业的绿色英雄，他们既是神州沃土的守护者，同时也是习近平生态文明思想的践行者，一大批绿色英雄正成为加速建设美丽中国的推动力。

　　践行者，这是美丽中国建设过程中人人都应遵守的行为规范。"'勿以善小而不为'，点点滴滴和涓涓细流终将汇聚成生态环境保护的巨大力量。"在活动现场，中宣部副秘书长赵奇代表中央文明办及四个部门正式发布中国首份倡导简约适度、绿色低碳生活方式的《公民生态环境行为规范（试行）》，"少用一度电、节约一滴水、少开一天车……"行为规范引领公民践行生态环境责任，像爱护眼睛一样爱护生态环境，像对待生命一样对待生态环境。《公民生态环境行为规范（试行）》发布后，众多网友共同为之点赞，并希望人人都能践行。生态环境保护并非触不可及的宏大命题，美丽中国建设与我们的日常生活息息相关，人人都可以成为践行者。

　　"3、2、1……"随着六五环境日国家主场活动大屏幕上倒计时数字的跳动，湖南省省委书记杜家毫、湖南省省长许达哲、生态环境部部长李干杰以及中宣部副秘书长赵奇共同浇下象征希望的碧水，"美丽中国，我是行动者"主题实践活动正式开启，全场爆发出热烈的掌声。这场五大部门联合开展、为期三年、分三步走的主题实践活动，将在全社会营造人人、事事、时时、处处

崇尚生态文明的社会氛围。往深里走、往实里走、往心里走，通过开展主题实践活动，推动生态文明成为社会的主流价值观，成为社会主义核心价值观的重要组成部分。

掌声，是对过去生态环境保护工作的肯定；掌声，是对未来共同建设美丽中国的鼓劲。作为一场近年来党和国家生态文明建设的重大宣传活动，在六五环境日国家主场活动中，《让中国更美丽》的旋律贯穿始终，"参与"和"行动"成为活动现场的主旋律。

"我认为，生态环境宣传工作进入数十年来环保新闻宣传史上的最佳状态。"中国传媒大学资深公共关系专家、教授董关鹏表示。

歌曲《祖国永远是我家》

歌曲《美丽湘江》

◈ 一次启程，铺绘美丽中国新画卷

"生态环保队伍的人员是有限的，但是群众的力量是无穷的。"李干杰在六五环境日国家主场活动上的讲话高屋建瓴。在"美丽中国，我是行动者"主题实践活动开启后，一场上下联动、全社会共同参与美丽中国建设的全民行动拉开帷幕。

启程的号角响遍神州大地，响遍五湖四海。围绕"美丽中国，我是行动者"的主题，一场场宣传活动在全国各地落地开花。

简约适度、绿色低碳、讲求实效，在六五环境日宣传期间，全国各级生态环境部门纷纷设计多种形式的主题宣传产品，积极借用新媒体平台和新技术手段做好预热宣传工作。全国联动、步调一致、结合实际，企业、学校、

社区、农村等地成为公众参与的重点，丰富多彩的宣传声势浩大、热潮涌动。

除了环保企业、高校社团之外，各地环保组织也纷纷组织开展环保宣传志愿活动，为美丽中国建设贡献力量。公众环境研究中心主任马军说："美丽中国，人人共享，也需要人人共建。我们已经和多家环保组织联合发起倡议，希望大家都来践行《公民生态环境行为规范（试行）》"。

"把保护生态环境的人搞得多多的，把破坏生态环境的人搞得少少的，构建起建设生态文明和保护生态环境的广泛统一战线。"李干杰在2018年全国生态环境宣传工作会议上的讲话鼓舞人心。来自天津、河北、浙江、福建等地方环保厅（局）的观摩人员参加了今年六五环境日的国家主场活动，共同探讨公民参与美丽中国建设的话题。只有寻求最大公约数，画出最大同心圆，组织起尊重自然、顺应自然、保护自然的全社会力量，美丽中国建设才有底气和实力。

"百尺竿头思更进，策马扬鞭再奋蹄。"在习近平生态文明思想的指导下，在全社会的共同参与下，一幅蓝天白云、繁星闪烁，清水绿岸、鱼翔浅底，鸟语花香、田园风光的美丽中国画卷正在绘就……

（来源：《中国环境报》2018年6月12日）

CHAPTER 3

公众参与篇

PUBLIC PARTICIPATION

六五环境日主题歌试唱

　　5月26日，生态环境部发布2018年六五环境日主题歌曲《让中国更美丽》，并面向全社会发起主题歌优秀演唱作品征集活动，上到80岁老人、下到4岁儿童踊跃参与试唱。

　　六五环境日期间，生态环境部在抖音 App 开通"美丽中国，我是行动者"主题实践活动官方账号——"美丽中国"。发布的第一条短视频——六五环境日主题微视频大受欢迎，播放量超过 35 万次。网友试唱的环境日主题歌音视频还在抖音 App 开启了一波热唱，网友们真情试唱，亮出自己的环保"好声音"，数条微视频的播放量过万，并发起了抖音挑战"六五环境日主题歌大家唱"。

美丽中国·我是行动者

"六五环境日　步步为林"活动

六五环境日当天@生态环境部联合支付宝蚂蚁森林推出"六五环境日 步步为林"活动，发起1万步挑战。每100人完成挑战，蚂蚁森林承诺在选定地区种下1棵樟子松。活动结束后，有超过520万人以当天走1万步的方式参与了"我是行动者"挑战。

"美丽中国，我是行动者"线上运动挑战

　　@生态环境部在新浪微博手机App "微博运动"功能中开启 "美丽中国，我是行动者"线上运动挑战，每天绿色出行，累计步数，对于在5月29日至6月5日期间每天完成1万步（累计完成8万步）的参与者，在线颁发 "美丽中国，我是行动者"电子证书。

知名演员和网友代表共同倡议：
美丽中国，我是行动者

　　@生态环境部联合新浪微博策划制作视频短片《数位知名演员和网友代表共同倡议：美丽中国，我是行动者》，受到网友热捧，博文阅读量超过3300万次，视频观看1400多万次，转发量超8万次，点赞逾1万次。

美丽中国·我是行动者

"美丽中国，我是行动者"相机贴纸

@生态环境部联合 B612 咔叽、清博大数据推出相机贴纸"美丽中国，我是行动者"，获得了一大批网友的追捧。很多不同年龄层次的网友踊跃参与其中，特别是青少年网友积极参与，纷纷晒出了自己的靓照，传递"美丽中国，我是行动者"的理念。

"公民十条"宣传海报

六五期间,生态环境部与贵州省环境宣传教育中心围绕《公民生态环境行为规范(试行)》(简称"公民十条")联合推出主题宣传海报。节约用电、垃圾分类、低碳出行……你的每一次行动,都是为建设美丽中国贡献一份力量!

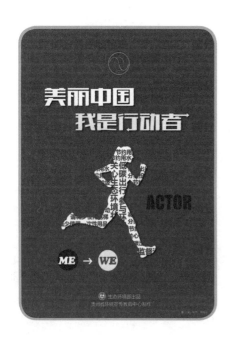

白天的手机
夜晚的灯暖
**珍惜我给你的
每一度安全感**
——请节约用电

ELECTRIC

**不要让你的购买变成
我的负担**
——请绿色消费，不购买过度包装商品

GREEN
CONSUMPTION

鸣笛是你的压力
尾气是你的喘息
**给自己一个机会
用双脚去寻找生活的乐趣**
——请低碳出行

LOW CARBON

我受尽厌恶和白眼
历尽千难万险
只是想再次回到你身边
——请分类回收垃圾

RUBBISH

你很疲倦
不一定要在下班后
三五好友的露天烧烤才能疏解
也许她的一碗素面也能温暖
——请减少烟尘排放，抵制露天烧烤

**我们的孩子也需要
一个有父母的童年**
——请保护野生动物，呵护它们的家园

PROTECTION OF
WILD ANIMALS

他胆小　夜晚窗外的吵闹会紧张不已
他善良　看到死去的小鸟踩坏的花草会伤心很久
他害羞　红着脸捡起别人乱丢的塑料瓶
你　　　做好他成长的榜样
　　　——请参与环保实践

PARTICIPATE IN
ENVIRONMENTAL PROTECTION

**每一口水，每一口深呼吸
都是你值得捍卫的权利**
——请监督污染行为

SUPERVISION OF
POLLUTION

**你们说他们是未来
而我们何尝不是**
——关心未来，请关注生态环境状况

FOCUS ON
THE ENVIRONMENT

街头采访

在你心中，美丽中国是什么样子？我们能为美丽中国做些什么？@生态环境部与光明网街头采访人们是如何看待"美丽中国，我是行动者"的。

ofo 小黄车开机页面

6月5日零点至24点，ofo 小黄车 APP 设置了六五环境日主题开机画面，传播"美丽中国，我是行动者"主题标语和理念。

CHAPTER 4

附 录
APPENDIX

关于做好 2018 年六五环境日宣传活动的通知

各省、自治区、直辖市环境保护厅（局），副省级城市环境保护局，军委后勤保障部军事设施建设局：

2018 年 6 月 5 日是新《中华人民共和国环境保护法》实施以来的第 4 个环境日。为做好宣传工作，现将有关事宜通知如下：

一、宣传主题

2018 年六五环境日统一使用宣传主题为"美丽中国　我是行动者"，并将沿用至 2020 年。

党的十九大报告明确提出，加快生态文明体制改革，建设美丽中国，把我国建设成为富强民主文明和谐美丽的社会主义现代化强国。美丽中国，人人共享，更要全社会共建。确定"美丽中国　我是行动者"主题，旨在进行广泛社会动员，推动人们知行合一，从选择简约适度、绿色低碳生活方式做起，积极参与生态环境事务，同心同德，打好污染防治攻坚战，在全社会形成人人、事事、时时崇尚生态文明的社会氛围，让美丽中国建设更加深入人心，让绿水青山就是金山银山的理念得到深入实践、结出丰硕成果。

二、工作安排

1. 做好主题预热宣传

我部将陆续推出六五环境日主题宣传海报、宣传片等，供社会各界免费使用。各地、各单位要做好六五环境日主题的宣传阐释，结合各地实际，设计多种形式主题宣传产品，营造浓厚社会氛围，为六五环境日宣传活动做好预热宣传。

六五环境日前，各省级环保部门、各宣传直属单位设计报送不少于3件主题宣传产品，"生态环境部"微博微信公众号将对各地、各单位主题宣传产品进行联展。

2. 开展主题实践活动

6月5日上午，我部将联合湖南省人民政府围绕主题，共同举办2018年六五环境日主场活动。内容包括发布《公民生态环境行为准则》*、启动"美丽中国　我是行动者"主题实践活动、揭晓2016—2017绿色中国年度人物等。"生态环境部"微博微信公众号将对主场活动安排进行预告和直播。

各地、各单位6月5日上午统一启动"美丽中国　我是行动者"主题实践活动，在统一名称下可确立具体活动分标题，结合各地实际，面向企业、

＊编者注：最终发布文件为《公民生态环境行为规范（试行）》。

学校、社区、农村等确立宣传重点，突出公众参与，体现地方特色，形成全国联动、步调一致又丰富多彩的强大宣传声势。

请各省级环保部门、各宣传直属单位紧扣主题、结合实际策划"美丽中国　我是行动者"主题实践活动方案，并于 2018 年 5 月 1 日前将方案报送我部。"生态环境部"微博微信公众号将对优秀策划进行预告展示，6 月 5 日及时展示有创意的主题实践活动。各地新媒体平台积极互动转发。

3. 总结交流

六五环境日后，我部将召开工作总结会议，对六五环境日优秀主题宣传产品、优秀宣传活动进行表扬，组织研讨，交流经验，提高六五环境日宣传工作水平，不断把"美丽中国　我是行动者"主题实践活动推向深入。

请各地、各单位于 2018 年 6 月 15 日前向我部报送宣传活动总结。总结包括开展六五环境日活动基本情况、活动特点、参加人员、重要演讲、传播效果及宣传产品等方面。

三、总体要求

1. 高度重视

充分认识做好六五环境日宣传对汇聚生态环境保护正能量、打好污染防治攻坚战的重要意义，将六五环境日宣传工作摆上重要议事日程。主要负责同志亲自研究部署，精心谋划，给予人力物力及时间保障。

2. 多方联动

积极联络推动，发挥宣传、文明办、教育、共青团、妇联、工会等部门和社会团体作用，广泛动员社会各界积极参与，统筹协调，形成合力，扩大六五环境日宣传影响力。

3. 积极创新

加快转变宣传方式，线上线下结合，增强互动性、参与性、有效性。积极借用探索新媒体平台和新技术手段，增强传播效果。

4. 简约环保

严格遵守有关纪律规定，不追求场面宏大，不搞铺张浪费，带头践行简约适度、绿色低碳，讲求实效，从形式到内容始终贯彻生态文明理念。

四、联系人及联系方式（略）

生态环境部办公厅

2018年4月20日

关于公布《公民生态环境行为规范（试行）》的公告

为牢固树立社会主义生态文明观，推动形成人与自然和谐发展现代化建设新格局，倡导简约适度、绿色低碳的生活方式，引领公民践行生态环境责任，携手共建天蓝、地绿、水清的美丽中国，生态环境部、中央文明办、教育部、共青团中央、全国妇联编制了《公民生态环境行为规范（试行）》（见附件），现予公布。

特此公告。

附件：公民生态环境行为规范（试行）

生态环境部

中央文明办

教育部

共青团中央

全国妇联

2018年6月4日

附件

公民生态环境行为规范
（试行）

第一条 关注生态环境。关注环境质量、自然生态和能源资源状况，了解政府和企业发布的生态环境信息，学习生态环境科学、法律法规和政策、环境健康风险防范等方面知识，树立良好的生态价值观，提升自身生态环境保护意识和生态文明素养。

第二条 节约能源资源。合理设定空调温度，夏季不低于26度，冬季不高于20度，及时关闭电器电源，多走楼梯少乘电梯，人走关灯，一水多用，节约用纸，按需点餐不浪费。

第三条 践行绿色消费。优先选择绿色产品，尽量购买耐用品，少购买使用一次性用品和过度包装商品，不跟风购买更新换代快的电子产品，外出自带购物袋、水杯等，闲置物品改造利用或交流捐赠。

第四条 选择低碳出行。优先步行、骑行或公共交通出行，多使用共享交通工具，家庭用车优先选择新能源汽车或节能型汽车。

第五条 分类投放垃圾。学习并掌握垃圾分类和回收利用知识，按标志单独投放有害垃圾，分类投放其他生活垃圾，不乱扔、乱放。

第六条 减少污染产生。不焚烧垃圾、秸秆，少烧散煤，少燃放烟花爆竹，抵制露天烧烤，减少油烟排放，少用化学洗涤剂，少用化肥农药，避免噪声扰民。

第七条　**呵护自然生态**。爱护山水林田湖草生态系统,积极参与义务植树,保护野生动植物,不破坏野生动植物栖息地,不随意进入自然保护区,不购买、不使用珍稀野生动植物制品,拒食珍稀野生动植物。

第八条　**参加环保实践**。积极传播生态环境保护和生态文明理念,参加各类环保志愿服务活动,主动为生态环境保护工作提出建议。

第九条　**参与监督举报**。遵守生态环境法律法规,履行生态环境保护义务,积极参与和监督生态环境保护工作,劝阻、制止或通过"12369"平台举报破坏生态环境及影响公众健康的行为。

第十条　**共建美丽中国**。坚持简约适度、绿色低碳的生活与工作方式,自觉做生态环境保护的倡导者、行动者、示范者,共建天蓝、地绿、水清的美好家园。

关于开展"美丽中国,我是行动者"
主题实践活动的通知

各省、自治区、直辖市和新疆生产建设兵团环境保护厅(局)、文明办、教育厅(教委、教育局)、团委、妇联:

为深入贯彻落实党的十九大和全国生态环境保护大会精神,倡导简约适度、绿色低碳生活方式,为打好污染防治攻坚战、建设美丽中国奠定坚实社会基础,现组织在全国开展为期三年的"美丽中国,我是行动者"主题实践活动。有关事项如下:

一、总体要求

(一)指导思想

以习近平新时代中国特色社会主义思想为指导,全面贯彻党的十九大关于推进绿色发展,倡导简约适度、绿色低碳的生活方式,反对奢侈浪费和不合理消费,开展创建节约型机关、绿色家庭、绿色学校、绿色社区和绿色出行等行动的有关精神,以"美丽中国,我是行动者"为主题,以提高全民生态文明素养、积极践行《公民生态环境行为规范(试行)》为核心,倡导社会

各界及公众身体力行，从选择简约适度、绿色低碳的生活方式做起，知行合一，参与美丽中国建设，让"绿水青山就是金山银山"的发展理念深入人心，让低碳环保的绿色生活方式成风化俗，在全社会营造人人、事事、时时、处处崇尚生态文明的社会氛围。

（二）基本原则

1. **贴近生活**。坚持融入日常、成为经常。活动策划和组织实施要贴近实际、贴近生活、贴近群众，以公众便于参与、乐于参与为出发点和落脚点；根据学校、家庭、社区、街道、农村、机关及企事业单位不同特点，精心设计，分类指导，吸引参与；推动公众在多节约一度电、少浪费一升水、关心支持并参与生态环境保护、坚决制止破坏环境行为过程中强化绿色生活观念、提高生态文明素养。

2. **示范引领**。坚持典型示范、价值引领。围绕衣、食、住、行、游等各方面，深度挖掘、生动展示公众身边践行绿色生活方式的良好实践、典型经验，为公众日常行为提供示范和遵循；紧密结合本地区本部门实际，打造公众参与度高、吸引力强、行之有效的品牌活动；发挥名人及青少年群体带动辐射作用，激发公众热情，引领主题实践活动往深里走、往实里走、往心里走。

3. **实践养成**。坚持知行合一、久久为功。积极培育生态道德、弘扬生态文化，使生态文明成为社会主流价值观，成为社会主义核心价值观的重要内容；大力宣传《中华人民共和国环境保护法》关于一切单位和个人都有保护环境的义务等规定，德法相济，助推《公民生态环境行为规范（试行）》内化于心、外化于行；引导公众积极参与绿色实践，逐步形成绿色低碳、文明健康生活习惯，让绿色生产、生活方式成为普遍形态，建立美丽中国建设过程人民参与、成效人民评价、成果人民共享长效机制。

（三）主要目标

通过三年不懈努力，在全社会牢固树立"绿水青山就是金山银山"理念，公众生态环境素养显著提升，形成尊重自然、顺应自然、保护自然生态共识，并落地生根转化为积极行动和巨大合力；人民群众把对美好生态环境向往转化为思想自觉和行动自觉，不坐而论道，不坐享其成，对不友好环境行为积极劝阻，勇敢说"不"，成为环境保护法律义务的自觉履行者、美好环境的坚定捍卫者、美丽中国建设的积极践行者；群众身边环境"脏、乱、差"现象得到明显遏制，公共空间生活及生态环境质量明显提升；生产、生活方式和消费模式呈现简约适度、绿色低碳、文明健康态势，生态文明观在全社会基本树立，初步形成人人争做美丽中国建设行动者，共同守护蓝天白云、绿水青山良好局面。

二、活动内容

（一）学校

将树立生态文明观、倡导师生践行绿色生活方式融入学校教学管理工作，开展丰富多样的教育实践活动。加强环境教育相关师资培训，鼓励教师在校

内组织开展环保主题教育活动。充分利用青少年宫、中小学生研学实践教育基地等青少年校外活动场所，开展绿色生活方式课外教育实践活动，提升广大青少年生态环境人文及科学素养；推动绿色低碳知识进课堂、进教材，推动课本循环使用，课外读物交换阅读。以大学生生态环境保护志愿活动为抓手，依托大学生暑期"三下乡"等活动载体，鼓励高校大学生积极参与到宣传生态环境知识及绿色生活实践中去。用好新媒体平台开展线上线下互动活动。发挥青少年在家庭、社会的辐射带动作用。

（二）社区

组织开展社区生态环境大讲堂活动，向社区居民讲解身边生态环境知识，提高生态环境认识。针对践行绿色生活，给予社区居民系统性、专业性指导，引导居民购买节能环保低碳产品、拒绝过度消费，将绿色生活、绿色出行和绿色休闲模式带入家庭生活，让社区在学校、家庭、社会教育网络中发挥纽带作用。发动社区志愿者力量，开展环境监督工作，发现身边不环保、不文明的生产、生活行为，积极劝阻或及时向"12369"举报，争当"生态环境达人"。根据地域地区特色，通过社区提示栏、标语、入户信函、宣传页、社区报、微信群等方式，宣传推广减少垃圾产生及进行垃圾分类具体方法。改善社区绿化，创造优美社区环境。

（三）企业

分行业、领域或在工业园区、商务楼宇开展生态环境责任培训，推动企业切实增强生态环境保护守法意识，承担起生态环境保护主体责任。倡导企业开放生产设施、工艺流程和污染治理设施，接受社会监督，传播低碳循环、绿色发展理念，打造生态环境宣传教育基地；合理安排规划，丰富形式内容，做好服务讲解，推动环保设施和城市污水垃圾处理设施向社会开放工作制度化、规范化；推动垃圾焚烧发电企业落实"装、树、联"（即依法依规安装污染物排放自动监测设备，厂区门口树立电子显示屏实时公布污染物排放和焚烧炉运行数据，自动监测设备与环保部门联网）要求，主动公开排放信息，增强和公众互信互动，自觉接受社会监督。督导重点行业污染源企业自觉达标排放。实施绿色采购，强化绿色包装，增强绿色供给，开展绿色回收，构建绿色产业链，树立生态环境友好良好社会形象。

（四）农村

将有效保护生态环境和自然资源、培养农民群众环境保护意识和良好生活习惯结合起来，推动各村各户积极投身农村人居环境整治行动。聚焦农村生活垃圾处理、生活污水处理、村容村貌整治，杜绝围湖造田、围海造地、过度养殖、过度捕捞、过度放牧以及种地过度使用化肥农药等不良现象，有效利用秸秆、粪便、农膜，防范土壤重金属污染，减少农业面源污染，防止农村生态破坏，改善农村人居环境，让生态美起来、环境靓起来，再现山清水秀、天蓝地绿、村美人和美丽画卷。

三、实施步骤

2018 年，宣传动员。开展公民生态环境行为调查，了解公众生态环境行为基本特征；发布《公民生态环境行为规范（试行）》，为公众践行绿色生活方式提供行为指引；发布活动统一标识，制作活动宣传视频、主题歌曲、公益广告等公众喜闻乐见的宣传品，广泛宣传活动理念、方式和内容；各地根据总体要求，结合本地实际，面向重点人群，各显其能，设定具体活动名称，制定方案；六五环境日全国统一启动。

2019 年，深化推进。在六五环境日集中曝光不环保典型行为，引导破除破坏生态环境陈规陋习；表扬最美环保行为、最美环保志愿者，发挥典型示范作用；从各地选取一批操作性强、参与度高、效果显著的活动项目予以支持、指导和展示、推广；召开现场会，推动主题实践活动向纵深发展；年终组成联合督导组，对各地活动开展情况进行抽查督导。

2020 年，总结提升。再次开展公众生态环境行为调查，量化检验活动成果并向社会公布；下半年召开活动总结会，总结三年实践探索经验，对各地优秀活动进行表扬，编写优秀活动案例，推动形成全民践行绿色生活方式成熟模式、共同参与美丽中国建设长效机制。

四、工作要求

（一）摆上重要位置

各地各部门要把开展"美丽中国，我是行动者"主题实践活动放在深入学习贯彻习近平新时代中国特色社会主义思想和党的十九大精神的高度来认识，放在打好污染防治攻坚战、实现美丽中国目标、全面建成小康社会的高度来认识，增强思想自觉，摆上重要位置，提上重要议程，精心谋划部署，结合实际制定具体工作方案，突出工作重点，确保活动及时有效开展；对活动开展给予人力、物力、财力支持。

（二）齐心协力推进

各级文明办要加强对活动的指导，将其纳入精神文明建设总体部署，纳入文明城市、文明村镇、文明单位、文明家庭、文明校园创建规划，强化保障措施，及时检查督导；各级生态环境部门要积极主动协调其他部门，制定具有本地区特色、行之有效的年度方案和目标并推动实施；教育等部门要发挥职能优势，为活动开展创造条件、提供保障；共青团、妇联等部门要充分发挥桥梁纽带作用，组织动员联系群众积极参与生态文明建设，广泛汇聚美丽中国建设的社会正能量。

（三）确保取得实效

　　各地各部门要把活动开展与打好污染防治攻坚战、美丽中国目标基本实现重要时间节点有机结合，选取合适对象，结合当地实际，提出细化方案，落实、落细、落小，积极推动实施，及时检查督导；要做好活动意义、内容及典型示范宣传，增强活动吸引力、感染力，见人、见事、见精神；要创新形式与载体，用好新媒体平台及各方面社会资源，调动发挥年轻人的积极性、创造性，确保活动开展得有声有色，坚决防止形式主义、做表面文章，确保取得实实在在效果。

生态环境部办公厅

中央文明办秘书局

教育部办公厅

共青团中央办公厅

全国妇联办公厅

2018年6月1日